部屋で楽しむ

小さな苔の森

道草 michikusa
石河英作

家の光協会

− 小さな苔の森を楽しんでみませんか −

　苔むす森に足を踏み入れたときの感動は、今でも忘れられません。目を閉じるだけで心が落ち着いていく心地よさ…。コケは小さな植物でありながら、大きな癒しを与えてくれる不思議な存在です。

　本書では、そんな「コケの癒し」を自宅でも味わえる方法を紹介します。

　それが、僕が作っている"苔テラリウム"。小さなコケを室内で簡単に育てる方法です。文字が読める程度の明るさがあれば、小さなガラス容器に癒しの空間が広がります。手間や置き場所をそれほど気にせず、気軽に楽しめるのも魅力のひとつです。

　ひとくくりにコケといってもさまざまな種類があり、好きな環境も異なります。日本には1,700種

類を超えるコケが自生しているといわれていて、それらがすべて育てられるわけではなく、「育てやすい種類」と「難しい種類」があるのです。

　本書では、数あるコケの中から、テラリウムで育てやすいおすすめの種類と、手間はかかっても工夫すれば育てられる種類を、それぞれのポイントにふれながら紹介しています。

　コケを育て始めたら、ルーペでのぞいて小さな苔の森へ入り込んだり、もふもふの手ざわりを楽しんだりしてください。その魅力が大きく広がるはずです。

　コケは、ゆっくり生長する植物。苔のむすまで気長におつきあいください。

道草 michikusa　石河 英作

CONTENTS

1章 小さな苔の森
基本の作り方と育て方 … 11

COLUMN ❶

2章
コケ別・作り方と育て方 … 29

蓋ありで育てるコケ

3章

小さな苔の森をもっと楽しむ … 77

○本書で紹介しているコケの名称は、一般的に流通している名称です。正式な和名とは異なるものもあります。
○水やりなどの頻度は目安です。テラリウム内の乾燥の程度によって調節してください。
○p12〜13、および第2章では、苔テラリウムでの育てやすさ、入手（購入）のしやすさを★マークで紹介していますが、季節や地域、環境によって異なる場合があります。
○国立・国定公園内の特別保護地区では動植物の採取は禁止されています。また、他者の所有地から無断でコケを採取したり、自然界のコケを根こそぎ採取するようなことはやめましょう。

大きな森をつくる、木や、
草花、清流、岩や大地。
緑の中にいるとすがすがしく、
心癒されます。
自然の中にずっといられたら、
どんなに幸せなことでしょう。

緑に少しずつ
近づいてみると……
そこにはコケたちがいっぱい。
大きな木々の下で、
力強く息づいています。

大きな森で、コケの景色を
眺めるのは楽しい時間。
さらにどんどん近づくと、
不思議なコケの景色が
現れてきます。

さあ、あなただけの
「小さな苔の森」を作って、
部屋にお迎えしましょう。

コケってどんな生き物？

コケは葉緑体（光合成を行う器官）をもち、光合成を行って生きる植物の仲間で、蘇苔類と呼ばれるグループに分類されます。世界には約18,000種類、日本にも約1,700種類もの蘇苔類が生えているといわれています。その特徴は、一般的な植物とは異なることも。コケのことを知ると、テラリウム作りやコケを育てることがもっと楽しくなるでしょう。

コケ植物と一般的な植物との違い

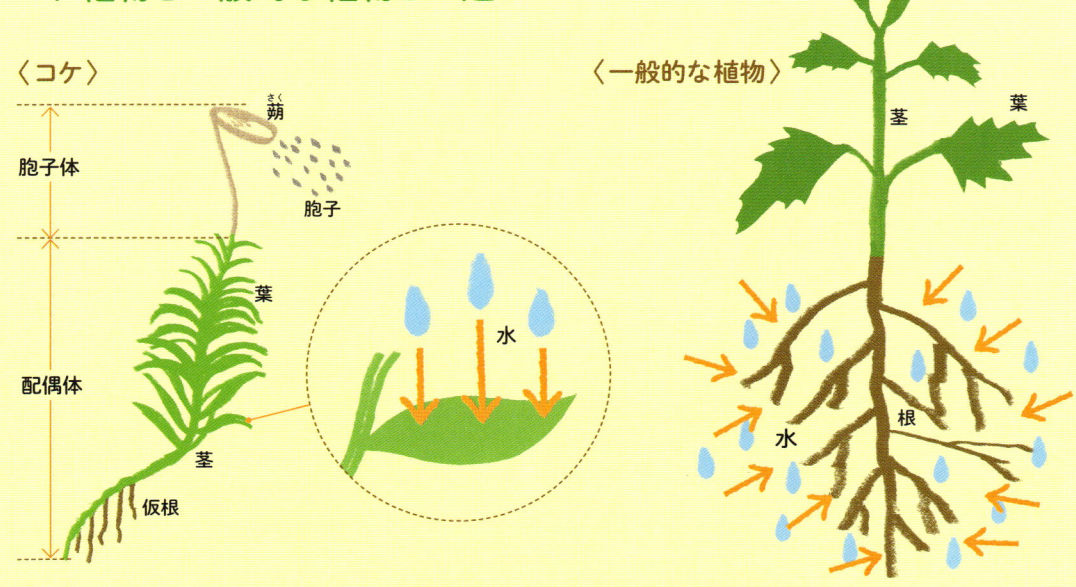

〈コケ〉

胞子体

配偶体

蒴（さく）
胞子
葉
茎
仮根（かこん）

水

〈一般的な植物〉

茎
葉
根
水

●根や維管束がない

コケには、一般的な植物のように、水や養分を吸い上げるための根や維管束（いかんそく）がありません。葉や茎から直接、水を取り込みます。

●仮根がある

根のように見える部分は仮根（かこん）と呼ばれ、地面や岩、木などにしがみつくための器官です。コケの種類によっては仮根がほとんど生えないものもあります。

●殖え方いろいろ

胞子体の蒴の中に入っている胞子を飛ばして殖えたり、無性芽（むせいが）と呼ばれるクローンで殖えたり、切れた葉や茎からも芽吹いて再生したりと、殖え方はバラエティに富んでいます。切れた葉や茎を生かして殖やす方法「蒔きゴケ」（まきごけ）（p.85）もあります。

〈胞子体〉

タマゴケ

ヒノキゴケ

〈仮根〉

ゼニゴケ

小さな苔の森

基本の作り方と育て方

MOSS
TERRA
-RIUM

BA-
SIC

苔テラリウムにむくコケ、むかないコケ

日本には1700種を超えるコケが自生しており、好む環境はそれぞれに異なります。
そのため、蓋ありのガラス容器で栽培する「苔テラリウム」として、
「育てやすいコケ」と「難しいコケ」があるのです。
さらには、工夫すれば育てられるコケも。一覧表にして紹介します。

MOSS TERRA-RIUM BA-SIC

苔テラリウムにむくコケ　工夫すれば育てられるコケ

	品種名	育てやすさ	購入のしやすさ	購入先
1	ホソバオキナゴケ (p.16)	★★★★★	★★★★★	園芸店・アクアリウムショップ・ネットショップなどで広く販売
2	タマゴケ (p.30)	★★★	★★★★	園芸店・アクアリウムショップ・ネットショップなど
3	ヒノキゴケ (p.34)	★★★★★	★★★★	園芸店・アクアリウムショップ・ネットショップなど
4	コツボゴケ (p.38)	★★★★	★★★★	園芸店・アクアリウムショップ・ネットショップなど
5	コウヤノマンネングサ (p.42)	★★	★★★	大型園芸店・アクアリウムショップ・ネットショップなど
6	オオシラガゴケ (p.46)	★★★★★	★★★	大型園芸店・アクアリウムショップ・ネットショップなど
7	シッポゴケ (p.48)	★★★★	★★★	大型園芸店・アクアリウムショップ・ネットショップなど
8	シノブゴケ (p.50)	★★★	★★★★	園芸店・アクアリウムショップ・ネットショップなど
9	ツヤゴケ (p.50)	★★★	★★★★	園芸店・アクアリウムショップ・ネットショップなど
10	ホウオウゴケ (p.52)	★★★★★	★★★	大型園芸店・アクアリウムショップ・ネットショップなど
11	ムチゴケ (p.54)	★★★★	★★	ネットショップで購入できる
12	カサゴケ (p.56)	★★	★★★	大型園芸店・アクアリウムショップ・ネットショップなど
13	スナゴケ (p.59)	★★ (蓋なし)	★★★★	園芸店・アクアリウムショップ・ネットショップなど
14	フデゴケ (p.62)	★★ (蓋なし)	★★★	大型園芸店・アクアリウムショップ・ネットショップなど
15	ハイゴケ (p.64)	★★ (蓋なし)	★★★★★	園芸店・アクアリウムショップ・ネットショップなどで広く販売

	品種名	育てやすさ	購入のしやすさ	購入先
16	コスギゴケ (p.66)	★★（蓋なし）	★★★	大型園芸店・アクアリウムショップ・ネットショップなど
17	ミズゴケ (p.68)	★★★（蓋なし）	★★★	大型園芸店・アクアリウムショップ・ネットショップなど
18	ゼニゴケ (p.70)	★★（蓋なし）	★	ネットショップで流通することも
19	ジャゴケ (p.72)	★★★（蓋なし）	★★	ネットショップで購入できる

購入しにくいコケ　苔テラリウムにむかないコケ

	品種名	育てやすさ	購入のしやすさ	購入先
20	イワダレゴケ	★★	★★	ネットショップで購入できる
21	ウマスギゴケ	★★	★★	ネットショップで購入できる
22	フロウソウ	★	★★	ネットショップで購入できる
23	クジャクゴケ	★★	★★	ネットショップで購入できる
24	ハマキゴケ	★	★	ネットショップで流通することも
25	ヒョウタンゴケ	★	★	ネットショップで流通することも
26	ギンゴケ	★★	★	ネットショップで流通することも
27	ホソウリゴケ	★	★	ネットショップで流通することも

必要な道具と材料

インテリア感覚で楽しめる「苔テラリウム」は、初心者でも簡単に作れます。
さらに必要な道具と材料も少なく、特別なものはありません。
とくにピンセットはよく使うので、慣れると作業が楽しくなってくるはずです。
お気に入りのコケを見つけたら、さっそく挑戦してみましょう。

 苔テラリウムを作ったり、育てたりするときに揃えておきたい道具をご紹介します。
まずは、必要なものから準備しましょう。

必要なもの

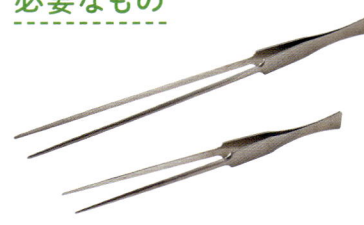

ピンセット（長・短）
先端が細く、コケを1本ずつ挟めるものがおすすめ。錆びにくくて丈夫なステンレス製を。容器の深さに合わせて、長・短を使い分けると便利。使用後はゴミをよく拭き取り、乾かします。

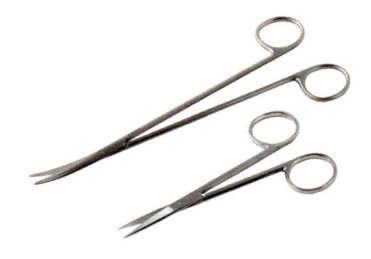

ハサミ（長・短）
先端が細く、コケを1本ずつ切れるものが便利。錆びにくくて丈夫なステンレス製を。容器の深さや用途に合わせ、長・短を使い分けて。使用後はよく拭き、薄く油を塗って保管します。

霧吹き
テラリウム作りのほか、コケに水やりをするときに使います。細かい霧が出るものを選びましょう。

あると便利なもの

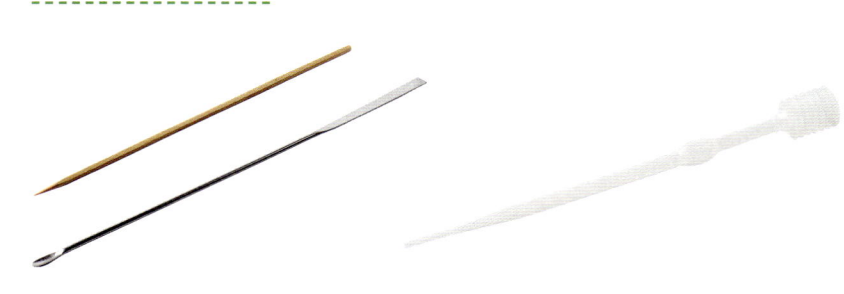

棒（ミクロスパーテル）
深い容器にコケを植えるときに使います。竹串やマドラーなどでもOK。ステンレス製のミクロスパーテルは錆びにくくて丈夫です。

スポイト
苔テラリウム作りや水やりのときに、水の入れすぎで、用土に水が溜まってしまうことがあります。その余分な水を吸い出すときに使います。

水差し
苔テラリウム作りで、用土をまんべんなく水で湿らせるときに便利です。

スプーン
用土をすくい、容器に入れるときにスプーンがあると重宝します。

材料

☞ 蓋のあるガラス製容器なら、初心者でも水の管理がラクになり、栽培しやすいです。専用の用土を使うと、上手に育てられます。

必要なもの

用土

赤玉土に、富士砂と燻炭を各1割程度混ぜた土がコケにはおすすめ。コケの仮根（かこん）が絡みやすいように富士砂を、老廃物を吸着し、清潔さを保つために燻炭を加えています。土は未使用のものを使いましょう。

ガラス製の蓋あり容器

ゴムパッキンが付いているものは気密性が高くなりすぎるので、コルクの蓋やガラス蓋の容器（キャニスター）が適しています。形やサイズなど、コケの特性や作りたいイメージに合わせて選びましょう。

あると便利なもの

レイアウトパーツ

苔テラリウムをより魅力的に演出するための小道具です。作りたいイメージに合わせて選ぶと、育てるのがますます楽しくなります。

粗めの富士砂

目の細かい富士砂

溶岩石

水晶

紫水晶

フィギュアいろいろ

コケの入手方法

種類が豊富で、質のよいコケが揃っているのは、「コケを専門に扱うネット通販」「アクアリウムショップ（熱帯魚店）」「専門的な園芸店」などです。ホームセンターで扱っていることもありますが、種類は少なめです。

ひと口にコケと言っても、「山採り」と「栽培品」があります。テラリウムを作るなら、虫などの混入が少なく、生育途中でトラブルが起きにくい栽培品をおすすめします。

MOSS
TERRA
-RIUM

BA-
SIC

基本の作り方

ホソバオキナゴケ ［シラガゴケ科］

育てやすさ：★★★★★　購入のしやすさ：★★★★★　生長：ゆっくり

こんもり小さな山のよう。ゆっくり生長しているよ。
気長にじっくりつきあえて、初心者にもおすすめ

乾燥に強く、丈夫なので、初心者にもおすすめ。「ヤマゴケ」という名前で盆栽用に広く流通しています。柔らかくて光沢のある緑葉は乾燥しても縮れず、やや白っぽくなるものの、見た目はそれほど変わりません。生長が遅いため、小さな容器でも長く楽しめます。水が多いと色が悪くなるので、与えすぎに注意しましょう。

用意するもの

材料
・ホソバオキナゴケ
・用土
・キャニスター
（口径8 x 高さ8cm）

道具
・ピンセット
・ハサミ
・霧吹き
・スプーン
・水差し

基本の
作り方

下準備

コケ下の汚れを
取り除く

コケを固まりのまま裏返す。茶色くなった古い部分に付着している枝クズなどのゴミや汚れを、ピンセットで丁寧に取り除いておく。土が付いている場合は、水洗いするとよい。

コケを植える　1 容器に用土を入れる

容器に、スプーンで用土を入れて、表面をならす。

用土は、2cmほどの深さまで入れる。この程度の量で、コケは十分育つ。

2 用土を水で濡らす

用土の中心から、「の」の字を描くように、水差しで水を注いでいく。

乾いたところがなくなるまで、用土をまんべんなく水で湿らせる。

3 コケをピンセットで挟めるサイズにする

固まりになっているコケを指でつまみ、ピンセットで挟めるサイズにちぎる。

植えつけるのは、緑色の部分。下にある茶色い部分には、古いコケが堆積し、汚れている。

茶色い部分は不要なので、ハサミでバッサリと切り落とす。

4 ピンセットで挟んで植える

茶色い部分を切り落としたコケを、ピンセットで真上から挟む。

コケを挟んだピンセットを用土に真上からズブッと、容器の底に当たるまで差し込む。

ホソバオキナゴケ

コケを指で押さえて、ピンセットを
そっと抜き取る。同じ作業を何度か繰
り返して、コケを植えつける。

一面びっしりとは植えつけず、容器と
コケの間に、0.5〜1cmほどの余白を
作ると見栄えがする。

容器とコケの間に、余白を作って植えた場合。横から
眺めても、容器にコケが張りつかず、バランスがよい。

余白を作らず、びっしりと一面に植えた場合。
容器にコケがぴったりと張りついてきゅうくつそう。

5 水やりをする

できあがり！

霧吹きで、コケ全体が軽く湿るように、
水やりする。

ガラス容器についた水滴を拭き取り、
蓋をして、できあがり。

19

基本の育て方

日当たりが悪い場所でも育てられ、水やりも毎日必要ないので、
忙しい人やズボラさんにもぴったりな苔テラリウム。
コケが元気に育つためにおさえておきたい基本を紹介します。

置き場所

コケは弱い光が長く続く環境を好むため、真っ暗な場所では育ちません。文字が読めるくらいの明るさが必要です。窓辺で直射日光が当たる場所も避けてください。容器の中に熱がこもりがちになり、コケが傷む原因となります。とくに春先以降、日差しが強い季節は要注意です。窓から離すか、レースのカーテン越しで育てるとよいでしょう。LEDライトや蛍光灯の光でも、1日に8時間ほど当てれば育てられます（p.26）。

直射日光が当たらない、明るい場所に。レースのカーテン越しなどがおすすめです。

直射日光が当たる窓辺はNG。一方、暗い場所も不向き。窓のない玄関、洗面所のような光の入らない場所は避けて。ただし、8時間ほど人工光を当てられるならOKです。

水やり

蓋あり容器で育てるコケは、2〜3週間に1度を目安として、コケ全体を湿らせるように、霧吹きで水やりします。コケは葉や茎から水を吸収するので、コケ全体を湿らせるのがポイントです。土の状態も観察し、乾いていたら、土も湿るように与えましょう。

水のやりすぎで用土に水が溜まってしまうと、コケが傷んだり、カビが発生したりする原因に。与えすぎたときは、スポイトやティッシュペーパーなどで、余分な水を吸い出しましょう。蓋なし容器で育てる場合(p.58)は、環境に合わせて水やりしてください。

2〜3週間に1度、霧吹きで

細かい霧が出る霧吹きがよいでしょう。

葉全体を湿らせる

土が乾燥していたら、土にも水分を。

与えすぎに注意

土が水浸しになるようならやりすぎです。

余分な水分を吸いとるには

スポイトやティッシュペーパーでそっと吸い出します。

より元気に育てるための
3つのポイント

それほど手をかけなくてもいい苔テラリウムですが、
より丈夫に育てるために取り入れたい、3つのポイントを紹介します。
このひと手間が、コケとの長いおつきあいをもたらします。

POINT 1
換気

ヒノキゴケ

ときどき換気しよう。
5分程度でOK

蓋あり容器で育てる最大のメリットは、湿度を保つことができるため、室内でも気軽にコケ栽培が楽しめることです。1か月以上、蓋を閉めたままの状態で、空気の入れ替えをしなくても問題ありません。たまに換気をすると、コケはより太く丈夫に育ちます。ゆとりがあるときは、1日1回、5分程度の換気がおすすめです。閉め切ったままで育てると、コツボゴケ（p.38）やシノブゴケ（p.50）など這うタイプのコケは、ヒョロヒョロと上に伸びやすくなりますが、換気をすると改善します。

POINT 2
肥料

観葉植物用の液体肥料

色が浅くなったときは
肥料が効果的

基本的には与えなくても育ちますが、長く楽しむなら、肥料は有効です。観葉植物用の液体肥料を1000倍に希釈し、春と秋の年2回程度を目安に、水やり代わりに霧吹きで与えます。とくに、コケが生長して色が薄くなったときは効果を実感するはず。ただし、与えすぎると容器のなかに藻が発生して汚れるので、気をつけましょう。

コケが茶色くなったときの対処法

原因

どうして茶色くなるの?

よく起こる原因としては、3つ挙げられます。①新芽が出てきて古い葉が茶色くなる「生え変わりによる老化」、②「季節の変わりめなどによる急激な環境変化」、③「極端に暑くなったり、急激に乾燥したりすること」などです。

対策

茶色い部分をカットする

茶色くなる原因はさまざまですが、対処法はいずれも同じで、「茶色くなった部分を早めにハサミで取り除く(トリミングする)」です。一度茶色くなった部分は、緑色には戻らないからです。放置すると全体に広がったり、カビが発生する原因にもなったりします。

茶色い部分のトリミングの仕方

茶色くなったヒノキゴケ。容器の中にハサミを入れ、茶色い部分を切る。

切り落とした茶色い部分を、ピンセットで挟んで取り出す。

茶色くなった
コツボゴケ。
同様にトリミングを

こんなときどうする？
栽培のQ&A

トラブル・メンテナンス編

育てているうちに、予期せぬ状況が起こり、戸惑うこともあります。
コケ栽培初心者が知っておくとよいことをQ&A形式で
<トラブル・メンテナンス編><通常管理編>にまとめました。

Q1 白いホワホワのカビが生えてきた！

A1 カビはハサミで取り除きましょう

シッポゴケのように、茎に沿って白いものが出ていたら、カビではなく仮根。仮根は株が充実してくると出てくるので、そのまま育てて問題はありません。仮根はタマゴケのように茶色いタイプもあります。一方、葉の先端などにホワホワと白いものがついていたらカビです。ハサミですべて残さず取り除きましょう。広範囲に白カビが回っていたら容器から取り出し、流水でしっかりと洗い流し、水気をギュッと絞ります。さらに容器もきれいに洗浄し、新しい用土に植えつければ大丈夫。白カビが生える原因は大きく2つ。①茶色くなった部分をそのまま放置したこと、②植えつけ時にコケの下にゴミが残っていたことです。ゴミはしっかりと取り除いてから植えつけましょう。

カビ

対策

タマゴケについた白いカビ

ヒノキゴケについた白いカビ

白いカビが生えている部分を、それより下から全部切って、取り除く

仮根（カビではない）

白い部分は、シッポゴケの仮根

茶色い部分は、タマゴケの仮根

カビを取り除いたり、洗ったりしたうえで殺菌剤をかけると、カビをより抑えることができます

Q2 コケが白っぽくなってきた

A2 病気でないことがほとんどです

心配になりますが、慌てなくて大丈夫。主な原因は3つです。①新芽が伸びてきた、②乾燥して白っぽくなった、③生長スピードが追いつかず、肥料不足になってしまった、などです。コケによって理由は異なるので、それぞれに合った対策をとりましょう。

上・左　ミズゴケ。本来はみずみずしい緑色だが、生長が早く、栄養が不足すると白っぽく変化。肥料を与えると、緑色に回復する

上・右　ホソバオキナゴケ。水を含んだ状態では緑色だが、乾くと葉が縮み、白くて光沢感のある色合いに。乾燥に強く、水やりすれば緑色に戻る

左　オオシラガゴケ。新芽は白っぽく、生長するにつれて濃い緑色になる。全般的にコケの新芽は淡い色をしていることが多い

Q3 虫が出た!

A3 栽培したコケを使いましょう

コケは小さい虫のすみかになったり、えさになったり、産卵場所になったりします。虫はコケの下深くに潜り込んでいるので、植えつけるときに、ゴミや汚れを丁寧に取り除くことがいちばんの対策です。また、山採りのコケより栽培ゴケのほうが管理が行き届いているので、虫も発生しにくいです。苔テラリウムには、市販の栽培ゴケを利用することをおすすめします。もし、虫や幼虫を見つけたら、ピンセットで取り除きましょう。ふんが見つかったら、殺虫剤が効果的。ただし、暑い時季の日中や乾燥した状態で使うと薬害が出やすいので、涼しい時間帯でコケが湿っているときに使いましょう。

用土の上にある粒々は、虫のふん。虫がどこかに潜んでいる証拠。ふんはそのまま放置すると、白カビの原因にもなる

コケの中に潜んでいる幼虫。自然から採取したコケを使うと、虫のトラブルも多いので、栽培したコケが安心

家庭園芸用の殺虫剤。ふんしか見当たらないときは、コケ全体に吹きかけて。コケにはイモ虫系が発生しやすいので、イモ虫に効くタイプがおすすめ

Q4 他の植物やキノコが生えてきた!

A4 早めに取り除きましょう

キノコの菌糸や植物の種が用土に紛れていると、植えつけた後に発生・発芽することがあります。自然なこととはいえ、放置すると、キノコは1〜2週間で胞子をまき散らし、他の植物は根が回って取り除けなくなります。早めに対処しましょう。

胞子をまき散らしたキノコ

ピンセットで挟み、根こそぎ引き抜く

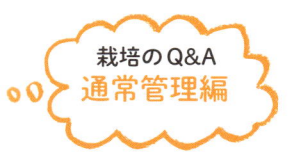

Q5 暑さ、寒さ対策は?

A5 寒さには強いですが、暑さは苦手です

今回紹介するコケは、冬でも日本の屋外で生息している品種ばかりなので、寒さには強いです。出窓などの冷える場所に置いて凍ってしまったとしても大丈夫。そのまま自然解凍させれば、元に戻ります。ただし、急激に温度を上げるとコケが傷むので注意しましょう。

一方、暑さには弱く、室温が30℃を超えると弱りはじめ、35℃以上になると枯れてしまう品種も。暑い季節は、冷房のきいた涼しい室内が最適です。真夏に家を長期間不在にし、室温が高くなる場合は、冷蔵庫に入れておくと傷みにくいです。庫内は涼しくて暗いので、コケは休眠状態となり、1か月くらいは平気です。

Q6 LEDライトを使いたいが…

A6 ライトに近づけすぎないように

植物用のLEDライトが販売されていますが、コケは弱い光でも育つので、卓上用のスタンドライトで十分です。玄関や洗面所など、窓のない暗い空間でもLEDライトを設置し、毎日8時間ほど照射すればコケは育ちます。ただし、容器の真近で照らしてしまうと、LEDライトからの発熱によって、容器の中に熱がこもってしまうので、少し離して使うとよいでしょう。

Q7 容器が曇って、コケが見えない…

A7 蓋を開けると解消します

容器が曇る原因としては、「室温と容器内との寒暖差がある」「容器の密閉度が高い」などが挙げられます。コケが見えづらくなりますが、曇ること自体は悪いことではありません。蓋を開けて換気すれば、曇りは取れます。スクリュータイプの蓋やパッキンが付いた容器では、気密性が高くなりすぎるので、少し緩めて通気性をよくすることで解消します。

曇った容器　　　　　蓋を開けて換気

Q8 コケはどのくらいの期間楽しめる？ 寿命は？

A8 寿命はなく、2年を目安に植え替えると長く楽しめます

コケの多くは多年草なので、寿命は長いです。生長スピードは種類によって異なりますが、容器いっぱいに育ったら、株分け（p.84）して植え替えましょう。2年くらい育てると、用土に古くなったコケなどが堆積し、汚れてきます。2年を目安にコケを取り出し、容器も洗って、新しい用土に植え替えるとよいでしょう。

容器内にいっぱいになった状態のコツボゴケ

2つに株分けし、植え替えたコツボゴケ

植え替えを繰り返し、約6年育てているヒノキゴケ

27

スナゴケ

コツボゴケ

ルーペでコケを
のぞいてみよう

育てているお気に入りのコケをルーペでのぞいてみませんか。
肉眼で眺めているときとは違う、新しい世界が待っています。
これまで気づかなかった魅力を知れば、ますますいとおしくなるはず。

ルーペは、倍率が10倍程度のものを準備。
大型文具店や雑貨店、インターネットなどで、
数千円程度で購入できます。

使うときのいちばんのポイントは、眼鏡をか
けるように、ルーペを目にしっかりとくっつけ
ることです。その状態で思いっきり顔を、コケ
にピントが合うまで近づけていきましょう。
ルーペにひもを通しておくと、首にかけられ
て便利です。

注意：失明の危険があるので、ルーペで太陽
を見てはいけません。直射日光が当たる場
所に置くのも火災のおそれがあるのでNG。

ガラス瓶の
蓋を開けて
思いっきり
近づこう

室内でも

近づくと、遠目では
見えていなかった
種類が見つかるよ

屋外でも

MOSS
TERRARIUM

18
FILES

タマゴケ ［タマゴケ科］

育てやすさ：★★★　購入のしやすさ：★★★★　生長：ゆっくり

早春のふわふわ淡い新緑に、ころころ丸い 飾りをつけたタマゴケは、苔の森の人気者

明るい緑葉はきれいで、ふわふわとした優しいルックスで、女性に人気。気温が15℃以下になる晩秋から生長が活発になり、きれいな淡い新芽が出てくるのは冬です。2月くらいにつける球状の胞子体（p.10）も魅力のひとつ。夏の暑さはやや苦手で、葉色が悪くなることも。

用意するもの

材料 タマゴケ／用土／キャニスター（口径8×高さ8cm）　**道具** ピンセット／ハサミ／霧吹き／スプーン／水差し

 **POINT 作り方**

1

2

3

1 下側を厚めにカット

タマゴケは、コケ下の茶色い部分に厚みがある。汚れを切り落とす感じで、思いきって厚めに切るとよい。

2 ピンセットで挟む

タマゴケ全体を、ピンセットで上からまっすぐに挟む。

3 挟んで植える

ピンセットを垂直に、用土に差し込む。ピンセットが器の底に当たるまでしっかりと差し、指でコケを押さえてピンセットをそっと抜き取る。

夏越しの方法

冬に生長するタイプで、暑さにはやや弱い。夏は、明るさよりも温度を優先しましょう。最高気温が30℃を超えると、葉色が濃くなったり、くすんできたりして、元気がなくなります。冷房がきいた室内など、涼しい場所に置くとよいでしょう。とくに35℃以上になると、極端に傷みます。

生長しすぎたときのトリミング

1 **ビフォー**

仮根同士が絡み合い、固まりを作るタマゴケは、2年もすると器いっぱいに生長し、下のほうには茶色い仮根が堆積し、汚い印象に。

2 **手でちぎる**

タマゴケを取り出し、植えやすい大きさに手でちぎる。その後、**ポイント1**（p.31）の要領で、下側の茶色い部分を厚めにハサミでカットする。

3 **ピンセットで植える**

用土も新しくして、洗浄した容器に**ポイント2、3**（p.31）と同じ要領で植え直す。

4 **アフター**

コケ下部の茶色い部分を取り除き、器から1cmほど離して植え直すと、同じ容器でもこんなにすっきりと。タマゴケのかわいらしい姿がよみがえる。

Q 胞子体がつきません

胞子体が茶色くなったら…

A 胞子体（p.10）がつかないのは、生育環境のせいではありません。そもそもコケには雄株と雌株があり、受精した結果として、雌株に胞子体がつくのです。自然の営みがもたらす偶然の産物なので、つかなくても大丈夫。胞子体がつく2月ごろは生長期のため、葉色もきれいな時期です。葉の美しさも楽しんで。

胞子体
丸い胞子体をつけるコケは少なく、印象的。その姿にちなんで、タマゴケという名前がついたとか

1か月も経つと、枯れて茶色くなる。そのまま放置すると、カビの原因になるので、ピンセットで抜き取る。

見た目の愛らしさを生かし、小鳥形のガラス容器に植えました。蓋がないけど、どこから植えるの？気になりますよね。背中に小指ほどの穴があいていて、そこからそっと植えます。ピンセットを抜くときは、棒でピンセットの先端あたりを押さえるのが、ちょっとしたコツ。口が狭いので湿度が保たれるため、蓋なしでも育てられます。上からの眺めは、小鳥の背中に緑の絨毯が広がっているようで、素敵ですよ！

ピンセットを抜くときは指の代わりに棒を使うと便利！

ヒノキゴケ ［ヒノキゴケ科］

育てやすさ：★★★★★　　購入のしやすさ：★★★★　　生長：早い

苔の森では、ちょっと背の高いスマートさん。
風になびく姿は森で遊んでいるイタチのしっぽのよう

背が高いタイプで、見た目がヒノキの幼苗に似ているのが名前の由来。フサフサとした姿から、別名「イタチのシッポ」とも呼ばれます。湿気を好むため、テラリウムに向いています。丈夫で育てやすく、初心者に最適。生長が早いので、背の高い容器を選ぶとよいです。日陰や暗い場所でも、小窓があれば育ちます。

用意するもの
材料 ヒノキゴケ／用土／試験管（口径4×高さ13㎝）　**道具** ピンセット／ハサミ／霧吹き／スプーン／水差し／棒（ミクロスパーテル）

POINT 作り方

1 **下部の汚れを落とす**
ピンセットで挟めるサイズに分けたヒノキゴケを指で持ち、コケ下部についたゴミや土を、ピンセットでそぐように落とし、きれいにする。

2 **コケ下部の長さを調整**
高さのある容器は、土を厚め（今回は約3㎝）に入れると、見た目のバランスがよい。土の深さに合わせ、コケ下部の長さを切って調整する。

3 **ピンセットで挟んで植える**
コケを真上から垂直に挟んだピンセットを、まっすぐしっかりと用土に差し込む。棒でピンセットの先端あたりを押さえて、そっと抜き取る。

生長しすぎたときのトリミング

1

ビフォー

生長が早く、どんどん上に伸びる。1年ほど育てて、蓋に当たるほど伸びたら、トリミングを。切ったコケは、蒔きゴケ（p.80、85）の材料にしても。

2

アフター

伸びた上の部分をハサミでカットすると、すっきりとした印象に。思いきって短くしても大丈夫。2か月くらい経つと、新芽が出てくる。

> **より美しく楽しむために**
>
> 上の部分をトリミングしても、古くなった部分は下に溜まって茶色くなる。2年に1回くらいは取り出し、下の部分の汚れを取り除いて植え直したほうが、見栄えがして楽しめる

茶色くなったときのトリミング

先端部が茶色くなりやすいので、茶色くなったところはハサミで切るとよいです。そのまま放置すると、カビが発生する原因に。

乾燥に弱いので注意

乾燥すると内側に巻いて、縮れた状態（写真）に。水をあげると復活しますが、極端な乾燥を頻繁に繰り返すと、傷む原因となります。森の中のしっとりとした場所に自生しているコケなので、乾きすぎに注意しましょう。

大型で、丸みを帯びた優美な姿を楽しむには、大きめのキャニスターがぴったり。こんもりとした群落を作るように植えます。手触りもよく、柔らかなので、ときには蓋を開けて、触って楽しんでも。日陰でも育つため、北側の窓際や、小窓しかない玄関などでも育てられます。写真で長く伸びているのは、胞子体の一部、蒴柄です。

換気を兼ねて、やさしくそっとなでてみよう

コツボゴケ [チョウチンゴケ科]

育てやすさ：★★★★　購入のしやすさ：★★★★　生長：早い

水に濡れて、キラキラ緑に輝くコツボゴケ。
光にかざすと、透明な美しさにうっとり

透き通るような明るい緑葉を、ルーペでのぞいたときのキラキラ感は感動的。自然の中では這うように広がりますが、テラリウムでは徒長しやすくなります。自生する姿とは異なりますが、病気ではありません。生長は早く、とくに春や秋の温暖な季節にグイグイと伸びます。乾燥にやや弱いので注意。

用意するもの

| 材料 | コツボゴケ／用土／粗めの富士砂／つぼ形の容器（最大部直径9×高さ11cm） |
| 道具 | ピンセット／ハサミ／霧吹き／スプーン／水差し／棒（ミクロスパーテル） |

POINT
作り方 →

1

基本どおりに植える
ピンセットで挟める大きさのコツボゴケを、基本の作り方（p.16-19）で植える。容器の口径が狭いので、ピンセットを抜くときは棒を利用する。

2

粗めの富士砂を入れる
コツボゴケを植えた後、周りの用土に粗めの富士砂を入れる。仮根が絡みやすくなり、這っている姿も楽しめる。

茶色くなる＆カビが発生したときのトリミング

1

茶色くなった先端

伸びすぎた先端が茶色くなり、そのままにしておくと、白いカビが生えてくることも。

2

ハサミで切る

茶色くなったり、カビが生えたりした部分は、残さず取り除く。その後、適度に換気をしてあげると元気になり、新芽も出てくる。

密閉容器では徒長しやすい

蓋あり容器で育てると、湿度が高いため、上にヒョロヒョロと伸びやすい。まめに蓋を開けて換気をすると、徒長しにくくなる。

容器に触れると仮根を出す

コツボゴケは、何かに触れると仮根を出し、くっつく習性があります。テラリウムでも、生長して容器に触れると、茶色い仮根を出すことが。悪いことではなく、カビでもないので、心配しなくても大丈夫。

緑葉のキラキラ感を愛でる

透明感のある葉は、水をかけて光に当てると、いっそうキラキラとした輝きを放ちます。蓋を開けてルーペでのぞき込めば換気にもなり、一石二鳥。ただし、乾燥すると葉が縮れてきます。

TERRARIUM FILES no. 3
コツボゴケ

何かに当たると仮根を出して絡まり、這うように生長するコツボゴケの習性を生かした、テラリウムの提案です。容器内に石を置き、その近くに植えたら、先端部をピンセットで挟んで石の上にのせます。1〜2か月もすると、石に触れた葉から仮根を出して張りつき始めるはず。這う姿をめでるなら、適度な換気も忘れずに。

伸ばしたい
向きに葉をのせ、
思い通りの姿に
生長させよう

コウヤノマンネングサ

[コウヤノマンネングサ科]

育てやすさ：★★　購入のしやすさ：★★★　生長：普通

苔の森でいちばん大きく、スラっとした立ち姿。
新芽がにょきっと出てきて葉っぱを広げるよ

日本に自生するコケのなかでは、もっとも大きくなるタイプ。生育環境の変化で傷みやすく、中級以上の方におすすめです。地下茎で殖えるため、元の株と離れた場所から新芽が出て、棒のように長く伸びるのでびっくりします。湿度の高いテラリウムでは伸びすぎることも。換気をすれば抑えられます。

用意するもの

材料 コウヤノマンネングサ／用土／キャニスター（口径8×高さ12㎝）

道具 ピンセット／ハサミ／霧吹き／スプーン／水差し

POINT
作り方 ➡

用土に深めに

深めに植える

緑葉の下の長い枝が用土に埋まるよう、ピンセットで挟んで深めに植える。枝を見せて木のような姿を楽しめるが、枝を出しすぎると、乾きやすくなったりして傷みの原因になる。

地下茎で殖える

土から掘り出したコウヤノマンネングサ。元の株から地下茎でつながり、新芽が出てきたところ。新芽が生長すれば、元の株は3年くらいで自然と枯れて、株は更新されていく。

新芽が長く伸びすぎたとき

1 **ビフォー**
湿度の高いテラリウムでは、新芽が伸びすぎて、蓋に届くくらいになることも。そこまで伸びると、葉の出るスペースがなくなってしまう。

2 **ハサミで新芽を切る**
伸びすぎた新芽を、株元の部分からハサミで切り取る。

3 **新芽を植え直す**
切った新芽をピンセットで挟み、用土に深くしっかりと差し込む。

4 **ときどき換気する**
対処後は、新芽が伸びすぎないよう、蓋を開けて換気するとよい。1日5分程度の換気で、新芽の生長が抑制され、葉が広がってくる。

茶色くなったときのトリミング

ビフォー
緑葉の先端部分だけが茶色くなってくることも。環境の変化に敏感なので、茶色くなりやすい。

ハサミで切る
茶色くなった部分を、ハサミで切り落とす。そのまま放置すると、茶色い部分が広がったり、カビが生えたりする原因に。

茶色い古株は株元から切る
地下茎で殖えるため、古くなった株は全体が茶色くなる。古株を見つけたら、株元からハサミで切り取る。近くに新芽があるかもしれないので、新芽を切らないように気をつけて

TERRARIUM FILES
no.
4
コウヤノ
マンネングサ

Q 茶色い部分にカビが発生した

A カビが生えた株を取り出し、流水で洗うのが、いちばん効果的。棒のような枝が植えられているだけなので、ピンセットで簡単に引っ張り出せます。

その後は、茶色い部分を切り、元の場所にピンセットで植え直すだけ。茶色い部分を見つけたら、早めに取り除くことがカビを発生させない最大の予防策です。

VARIATION
飾り方

大型で存在感のあるコケなので、石などを利用し、前景と遠景のあるデザインで楽しみましょう。奥行き感を出すことで、コウヤノマンネングサ1種類だけでも、こんなに印象的に。緑葉をよく見ると、同じ方向を向いていることに気づきませんか。この向きを揃えるように植えると、全体が整って落ち着いた印象に。

上からのぞくとコケの群生がまるで林のよう

オオシラガゴケ [シラガゴケ科]

育てやすさ：★★★★★　購入のしやすさ：★★★　生長：ゆっくり

コケにしては白く、それが苔の森の長老のよう。
皆でいるよりも、ひとりでいるのが好きなんだ

比較的大きくなる種類で、乾燥すると葉の先が白っぽくなります。とはいえ、用土に水が溜まるほどの多湿は嫌うので、やや乾燥ぎみに管理します。新芽も白っぽい色で、生長が進むと、徐々に淡い緑色に変化します。テラリウムでは生長速度が速まるため、葉の先端が固まり、白っぽく見えることもあります。

用意するもの

材料 オオシラガゴケ／用土／キャニスター（口径7×高さ8cm）　**道具** ピンセット／ハサミ／霧吹き／スプーン／水差し

POINT 作り方

1本ずつ植える
密植すると、蒸れてしまうせいか、うまく育たないことが多い。オオシラガゴケを1本ずつピンセットで挟み、コケ同士が近づきすぎないよう、ゆとりをもって植えると育ちやすい。

POINT 育て方

葉の先が白っぽくなる
乾燥しても白くなるが、生長している葉も白っぽいので、心配しなくて大丈夫。用土がびしょびしょになるほどの水やりは、かえって傷む原因に。水の与えすぎに気をつけて。

シッポゴケ ［シッポゴケ科］

育てやすさ：★★★★　　購入のしやすさ：★★★　　生長：早い

森の日陰が大好きなシッポゴケ。動物たちが、テラリウムでかくれんぼをしているみたい

森に生えるタイプのコケで、比較的大型。フサフサとした葉が、動物のしっぽのように見えることからついた名前。テラリウムでは、一年を通して生長するので、背の低い容器では、短期間で蓋につくほど伸びてしまうことも。その場合は、気づいたらいつでもトリミングを。短くしても新芽が出てきやすいです。

POINT 作り方　16-19ページの<**基本の作り方**>を参考にして植えてください。

用意するもの

| 材料 | シッポゴケ／用土／キャニスター（口径6×高さ11cm） |
| 道具 | ピンセット／ハサミ／霧吹き／スプーン／水差し |

POINT 育て方

生長しすぎたときのトリミング

1

ビフォー
蓋につくほどに生長し、伸びすぎた状態。

2

ハサミで切る
シッポゴケの真ん中あたりを、ハサミで切る。切り落としたコケは、ピンセットで取り出す。

3

アフター
短く切り、すっきりとした状態。2か月ほどで新芽が出てくるので、思いきって短くしてもよい。

管理のQ&A

Q 茎の途中から白いものが出てきた。カビ？

A 茎にまとわりついている、白くてホワホワとしたものは、カビではありません。シッポゴケの仮根です。茎の途中から白い仮根が出やすいのもシッポゴケの特徴で、本来の姿といえます。決して状態が悪いわけではないので、そのままで大丈夫。心配はいりません。

シノブゴケ ［シノブゴケ科］
ツヤゴケ ［ツヤゴケ科］

育てやすさ：★★★　　購入のしやすさ：★★★★　　生長：普通

ツヤゴケ

シノブゴケ

レース刺繍のようなシノブゴケとツヤツヤ姿の ツヤゴケは、乾燥に耐える繊細美人

シダ植物を小さくしたような繊細な葉が特徴の、シノブゴケ。苔玉や盆栽などに使う園芸用のコケとして、よく出回っています。本来は這うように伸びますが、テラリウムで育てると徒長しやすいです。同じような性質をもち、育て方も似ているのが、ツヤゴケ。屋外で乾燥するとツヤツヤとした光沢が出ることから、この名に。雨に濡れるとしっとり艶やかになり、それも美しい。どちらも比較的耐乾性はありますが、シノブゴケのほうがやや弱く、乾くと葉先が茶色くなりやすいです。

上：シノブゴケ　下：ツヤゴケ

用意するもの
- **材料** シノブゴケ、ツヤゴケ／用土／シャーレー（口径7×高さ4cm）
- **道具** ピンセット／ハサミ／霧吹き／スプーン／水差し

POINT 作り方 ▶ 16-19ページの**＜基本の作り方＞**を参考にして植えてください。

POINT 育て方 ▶

徒長したときのトリミング

①

②

③

① ビフォー
シノブゴケ（写真）もツヤゴケも、気密性の高いテラリウムで育てると、ヒョロヒョロと上に伸びすぎてしまう。

② ハサミで切る
伸びすぎてしまったコケは、株元あたりを適当にバシバシと短く切って大丈夫。

③ アフター
短く切り、すっきりとした状態。乾きすぎも多湿も苦手なので、一日5分程度の換気をすると、徒長しにくい。

仮根が出やすい

シノブゴケ（写真）もツヤゴケも、茎が倒木や岩に触れると仮根を出し、定着する習性がある。そのため、容器に当たると、同様に仮根が出てくる。

乾燥したツヤゴケ

乾くと葉の光沢感が強まる。ただし、乾きすぎると、葉先が茶色くなり、傷むことも。そうなったら、茶色い葉先をカットする。

ホウオウゴケ ［ホウオウゴケ科］

育てやすさ：★★★★★　購入のしやすさ：★★★　生長：ゆっくり

しっとりきれいなコケの羽。
翼を広げて、小さな苔の森を旅しよう

伝説の鳥、鳳凰の羽に似た形をしていることが、名前の由来。比較的大きいので、高さのある器だと見栄えがして決まります。湿った沢沿いの傾斜などに自生しており、水を好みます。水の中でも生きられるため、熱帯魚店で扱われることも。乾燥に弱いので、乾かないようにすることが大事。日陰でも育ちます。

用意するもの

| 材料 | ホウオウゴケ／用土／試験管（口径4×高さ13cm） |
| 道具 | ピンセット／ハサミ／霧吹き／スプーン／水差し／棒（ミクロスパーテル） |

POINT 作り方

16-19ページの**＜基本の作り方＞**を参考にして植えてください。

POINT 育て方

茶色い葉先は乾燥のサイン
乾燥に弱く、極端な乾燥を何度か繰り返すと、葉の先端が茶色くなる。茶色くなった部分をハサミで切り落とし、乾燥させないように育てること。

VARIATION 飾り方

どこか懐かしい試薬瓶に植え、クラシカルな雰囲気を楽しみます。多湿を好むので、用土がびしょ濡れの状態でも全く問題ありません。耐陰性があり、小窓しかない玄関や北側の部屋でも十分育ちます。

ムチゴケ ［ムチゴケ科］

育てやすさ：★★★★　購入のしやすさ：★★　生長：ゆっくり

おなかをそっとのぞいてみると、小さなムチが たくさん出ているよ。ちょっぴり怖いその姿

表から見ると光沢のあるウロコのような葉が重なっており、その裏側からはムチ状の枝を伸ばす、ユニークな形のコケです。テラリウムの環境になじみやすく、ゆっくりと生長するため、トリミングなどの世話もそれほど必要ありません。日陰でも育つので、日差しがあまり入らない玄関などでも育てられます。

用意するもの

| 材料 | ムチゴケ／用土／フラスコ（口径3×底径8×高さ13cm） |
| 道具 | ピンセット／ハサミ／霧吹き／スプーン／水差し／棒（ミクロスパーテル） |

POINT 作り方

16-19ページの**<基本の作り方>**を参考にして植えてください。

ムチ

ムチゴケの表と裏を知る

ムチ状の枝は、葉の裏側から出ている。植えるときは、ムチが下になるよう、向きを確認してから植えること。自然界では、岩などにムチ状の枝が当たると、ムチの先から仮根を出し、着生する。

固まりごと挟んで植える

ピンセットで挟めるくらいの固まりで用土に植える。バラバラにしすぎると葉の表裏が逆になり、ムチ状の枝が上になって不自然になることも。

VARIATION 飾り方

葉の裏にムチ状の枝をもつムチゴケは、どこか怪しげ。その雰囲気をレトロな試薬瓶に植えて表現しました。コケの周りを粗い富士砂でぐるりと囲み、おどろおどろしい雰囲気をさらに盛り上げています。

カサゴケ [ハリガネゴケ科]

育てやすさ：★★　　購入のしやすさ：★★★　　生長：ゆっくり

苔の森に、緑の傘がいっぱい出ているよ。
誰かが雨宿りでもしているのかな?

傘状に広がる葉は、緑の花が咲いたようでかわいらしく、人気があります。ただし、暑さや乾燥に弱く、やや育てにくいコケです。夏に枯れてしまうことが多いので、涼しい環境で育てましょう。乾燥すると、すぐに傘がチリチリになりますが、多湿すぎると新芽が伸びすぎるので適度な換気も必要です。

用意するもの
- **材料** カサゴケ／用土／粗い富士砂／スクエアキャニスター（縦8×横8×高さ7cm）
- **道具** ピンセット／ハサミ／霧吹き／スプーン／水差し

 **POINT 作り方**　16-19ページの**＜基本の作り方＞**を参考にして植えてください。

POINT 育て方

地下茎で殖える
カサゴケは地下茎で殖え、株元から離れた場所に新芽を出す。写真は掘り出した状態。右側の白っぽいのが、新しく伸びた地下茎と新芽。

傘の2段重ねも発生!
新芽は伸びた地下茎からだけでなく、広がった傘の中心（生長点）などからも出て伸びる。そのため、傘の2段重ねというおもしろい姿も出現。

新芽を育てる
乾燥に弱いが、多湿では新芽は徒長し、傘も大きく育たない。適度な換気と明るさが必要。伸びすぎた新芽は根元から切り、土に挿すと育つ。

VARIATION 飾り方

傾斜をつけて用土を入れ、前後で高低差をつけてカサゴケを植えると、奥行き感のあるテラリウムに。土の表面を覆った黒い富士砂と、みずみずしいカサゴケの緑色の対比も美しい。

蓋なしで育てるコケ

蓋あり容器でうまく育たないコケも、蓋なし容器でなら育てられることも。その場合の注意すべきポイントは、乾燥しやすいこと。とくに冷暖房を使う、真夏と真冬は乾きやすいので、気をつけましょう。乾燥具合は環境によって異なるので、コケをよく観察し、乾いたら霧吹きで水を補います。

どんな容器を選べばよい？

蓋なしの場合は通気性は保ちつつも、器の下のほうで湿度を保てるよう、深さのある容器を選びましょう。さらに口が狭いものなら、乾燥しにくいのでおすすめです。

最適な生育環境とは？

一番大事な条件は湿度の加減です。下の表を参考にしてください。

どんなコケが適しているの？

蓋なし栽培に向くコケには、2つのタイプがあります。①湿度を好むものの、乾湿のメリハリが大事で、比較的乾燥に強いタイプと、②水が大好きなタイプです。どちらも密閉すると、うまく育たないので、蓋なしが適しています。

> ① 乾燥に強いコケ
> スナゴケ（p.59）／フデゴケ（p.62）／ハイゴケ（p.64）／コスギゴケ（p.66）
> ② 多湿を好むコケ
> ミズゴケ（p.68）／ゼニゴケ（p.70）／ジャゴケ（p.72）

水の量3段階	乾燥ぎみ	用土が適度に湿っている	用土が水浸し
スナゴケ（乾燥に強い）	△	○	×
ミズゴケ（多湿を好む）	×	○	△

●水やりの注意点とは？

蓋なし容器だと乾きやすく、心配になって水やりしたくなりますが、日中は避けましょう。乾燥しているコケに急激に水を与えると、温まってしまったり、蒸れてしまったりして傷む原因となります。水やりは、朝晩の涼しい時間帯に。とくに夏は注意が必要です。

スナゴケ ［ギボウシゴケ科］

育てやすさ：★★　購入のしやすさ：★★★★　生長：ゆっくり

明るい場所は好きだけど、晴れた日には、小さくしぼんで、じっとお休みしてるんだ

ルーペでのぞくと、きれいな星形をしています。葉色は淡く、黄緑色。テラリウムでは湿度が保たれるので、葉は開いた状態でふんわり。乾燥するとしぼんだ状態になりますが、霧吹きで水をかけるとすぐに開きます。乾燥に強い反面、びしょ濡れ状態が続くのは苦手なので、乾き始めてから水やりしましょう。

用意するもの

材料 スナゴケ／用土／粗い富士砂／ナス形フラスコ（口径5×底径7×高さ11cm）

道具 ピンセット／ハサミ／霧吹き／スプーン／水差し／棒（ミクロスパーテル）

POINT 作り方

1

下側の古いコケをカット
ピンセットで挟めるサイズにする。コケの下側にある茶色い部分を残さないほうが、栽培時に傷みにくいので、緑のところギリギリで切る。

2

ピンセットで挟む
汚れを切り落としたスナゴケ全体を、ピンセットでまっすぐ上から挟む。

3

挟んで植える
ピンセットを垂直に、用土に差し込む。ピンセットが器の底に当たるまでしっかりと差し、棒でコケを押さえてピンセットをそっと抜き取る。

POINT 育て方

乾燥したときの水やり法

日当たりのよい岩の上などに自生しているので、乾燥には比較的強いです。乾くと写真のように葉が丸まり、縮みます。霧吹きで水をかければ、葉は開いて元の姿に。ただし、温まったり、蒸れたりして、傷む原因になるので、夏は日中の暑い時間帯の水やりは避けます。

蓋あり容器は徒長しやすい

蓋あり容器に「蒔きゴケ」（p.85）をして育てたスナゴケ。気密性が高いせいか、ヒョロヒョロとした姿に。時々蓋を開け、換気すると徒長しにくいです。

p.85で紹介する「蒔きゴケ」の方法を使えば、蓋あり容器でも育てられます。蓋をする分、多湿になるせいか、スナゴケは徒長しがち。本来の姿と見た目は異なりますが、乾燥しにくいので管理はラクです。蓋なし容器に「蒔きゴケ」をすると、自然な姿でしっかりと育ちます。

蒔きゴケ直後
季節を問わず、蒔きゴケはいつでもできる

およそ半年後
約2か月後から新芽がちょこちょこ出始め、半年もすると見栄えする

フデゴケ ［シッポゴケ科］

育てやすさ：★★　購入のしやすさ：★★★　生長：ゆっくり

フデゴケの絨毯はひと休みして頬ずりしたくなる心地よさ。そっとなでて楽しんで

柔らかそうな見た目どおり、手触りはビロードのような心地よさ。葉の先端は少し明るめですが、全体的には深い緑色をしています。日当たりのよい場所で育つので、乾燥には強く、傷みにくい。乾いてもほとんど変化しないため、乾燥に気づきにくいので土の乾き具合で判断し、必要なら霧吹きで水やりを。

用意するもの
材料 フデゴケ／用土／ナス形フラスコ（口径5×底径7×高さ11cm）
道具 ピンセット／ハサミ／霧吹き／スプーン／水差し／棒（ミクロスパーテル）

POINT 作り方 →

1

下側の古いコケをカットする
ピンセットで挟めるサイズにする。コケの下側にある茶色い部分を残さないほうが、栽培時に傷みにくいので、緑のところギリギリで切る。

2

ピンセットで挟む
汚れを切り落としたフデゴケ全体を、ピンセットでまっすぐ上から挟む。

3

挟んで植える
ピンセットを垂直に、用土に差し込む。ピンセットが器の底に当たるまでしっかりと差し、棒でコケを押さえてピンセットをそっと抜き取る。

蒔きゴケしてみると

1

蒔きゴケ直後
季節を問わず、蒔きゴケ（p.85）はいつでもできる。

2

およそ2か月後
2か月も経過すると、新芽がぴょこぴょこ顔を出し始め、愛らしい。

3

およそ半年後
半年もすると、小さいながらフデゴケらしい、フサフサとした葉に生長。

ハイゴケ [ハイゴケ科]

育てやすさ：★★　購入のしやすさ：★★★★★　生長：早い

草むらや公園でよく見かけるよ。
地面を這うように、もりもり元気に育ちます

這うように広がることから、この名が付きました。苔玉などに使う、園芸用のコケとしてもおなじみ。公園などで芝生と混生するほど生命力は旺盛です。乾燥に強く、乾いても見た目が変化しないため、水やりは土の乾き具合で判断を。とくに夏の高温期は、水が下に溜まっていると傷みやすく、白カビが発生しやすいので注意。

用意するもの
材料 ハイゴケ／用土／カバー付きガラス植木鉢（口径10×底径8×高さ15㎝）
道具 ピンセット／ハサミ／霧吹き／スプーン／水差し

POINT 作り方

1

下側の古いコケをカットする
ピンセットで挟めるサイズにする。コケの下側にある薄茶色の部分を残すと、カビが生えやすくなるので、緑のところギリギリの際で切る。

2

ピンセットで挟む
汚れを切り落としたハイゴケ全体を、ピンセットでまっすぐ上から挟む。

3

挟んで植える
ピンセットを垂直に、用土に差し込む。ピンセットが器の底に当たるまでしっかりと差し、指でコケを押さえてピンセットをそっと抜き取る。

伸びすぎたときのトリミング

1

ビフォー
蓋あり容器で育てると、ヒョロヒョロと伸びて徒長してしまう。換気をすれば、徒長しにくくなる。

2

ハサミで切る
株元から適当に切って短くする。切ったコケは、ピンセットで取り出す。「蒔きゴケ」（p.85）の材料に使ってもよい。

3

アフター
丈が短くなり、すっきり。2か月ほど経つと、新芽が出てくる。

コスギゴケ ［スギゴケ科］

育てやすさ：★★　　購入のしやすさ：★★★　　生長：ゆっくり

密集している様子は、小さな杉林のよう。
ぴょんと飛び出す大きな胞子体にもご注目

スギゴケの仲間で、小型のタイプ。公園や神社などでよく見かけます。寺などの庭園でよく使われる、背の高いウマスギゴケとよく似ているので、苔庭風のテラリウムを作っても楽しいです。乾燥に強いものの、過湿の状態は苦手。蓋あり容器で育てると、気密性が高くなり、あまり丈夫に育ちません。

用意するもの

材料 コスギゴケ／用土／富士砂／石／ボックス型容器（縦10×横10×高さ8cm）

道具 ピンセット／ハサミ／霧吹き／スプーン／水差し

POINT 作り方

1

コケ下には土がべっとり

土壌に生えているコケなので、下側には、土がべっとりついている。そのまま植えると、トラブルが起きやすいので、きれいにすることが大切。

2

ピンセットで汚れを落とす

ピンセットで挟めるサイズにし、余分な下のところはハサミで切る。コケ下についた土や古い仮根などの汚れを、ピンセットでこそげ取る。

3

茎と葉のみにする

きれいにしたところ。土などの汚れを落とし、茎と葉だけにすることが大事。その後は、茎を用土の高さに合わせてカットし、植えていく。

POINT 育て方

乾燥に強く、縮れても大丈夫

乾燥すると、葉はクルクルと丸くなり、縮れます。しかし、乾燥には強いので、霧吹きで水を与えると、時間は少しかかりますが回復します。過湿には弱いため、用土が水浸しにならないよう、水のやりすぎに気をつけて。伸びすぎたら、適当なところで切ってトリミングしましょう。

胞子体

小さいコスギゴケに対し、ぴょんと飛び出た胞子体(p.10)は大きく、独特な存在感を放っている。自然界では、2〜4月ごろにつく。茶色くなったら、ピンセットで取り除く

ミズゴケ ［ミズゴケ科］

育てやすさ：★★★　購入のしやすさ：★★★　生長：早い

水を含んだミズゴケをギュッと握ると、スポンジみたいに水がいっぱい出てくるよ

湿地帯など、水の多い環境に自生し、比較的大型です。保水性がよく、抗菌性があるため、ランや山野草の植え込み材としてもおなじみ。蓋あり容器では生長が極端に早くなるため、蓋なし容器がおすすめです。その場合は、用土がひたひたになるくらい水を溜めると、うまく育ちます。明るめの場所を好みます。

用意するもの
材料 ミズゴケ／用土／ビーカー（大＝口径7×高さ9㎝、小＝口径6×高さ7㎝）
道具 ピンセット／ハサミ／霧吹き／スプーン／水差し

POINT 作り方

1

茶色い部分を切る
湿地などで堆積するように生長するミズゴケは、生長が早いため、1本が長い。古くなった茶色い部分をハサミで切る。

2

ピンセットで挟む
緑のところだけにしたミズゴケを1本ずつ、ピンセットで上から挟む。

3

用土に植える
ピンセットを用土に差し込む。ピンセットが器の底に当たるまでしっかりと差し、指でコケを押さえてピンセットをそっと抜き取る。

POINT 育て方

乾燥ミズゴケに植える

園芸用の乾燥ミズゴケを水で戻し、植え込み材に。保水性があり、腐りにくいので、ミズゴケ栽培にも適しています。ただし、気温が高くなると、下のほうに緑色の藻が生えてくることが。生育に問題はありませんが、気になるなら取り出して切り取りましょう。水量は、用土の場合と同じく、乾燥ミズゴケ全体がヒタヒタになるくらいたっぷりと。

葉色が薄くなったら、肥料を与える

みずみずしい緑色の葉が白っぽくなったら、肥料不足のサイン。生長が早いため、栄養が不足するので、観葉植物用の液体肥料を1000倍に希釈し、水やり時に与えます。月に1度の割合で与えると、葉色が薄くなりにくいです。

ゼニゴケ [ゼニゴケ科]

育てやすさ：★★　購入のしやすさ：★　生長：早い

嫌われ者扱いされることも多いけど、ほら、かわいい傘が出てくることも!

家の北側など、日陰の湿った土壌を好みます。葉っぱ状のものが這うように広がるコケで、雌株には春と秋に傘状の雌器托(生殖器官)が発生します。乾燥に弱いものの密閉すると徒長したり、カビが生えたりしてうまく育ちません。蓋なし容器で、用土が浸る程度に水を入れ、乾かないようにすると順調に育ちます。

用意するもの

材料 ゼニゴケ／用土／カバー付きガラス植木鉢
（口径10×底径8×高さ15cm）

道具 ピンセット／ハサミ／霧吹き／スプーン／水差し

POINT 作り方

1 ゼニゴケをはがす
ゼニゴケをピンセットで挟み、仮根とともに土からベリベリッとはがす。

2 古いコケは切る
ゼニゴケは、緑色の部分を植えるので、茶色いところはハサミで切り落とす。

3 汚れを切り落とす
裏側を見て、土などの汚れが仮根についていたら、仮根ごと切る。

4 指で押さえつける
ゼニゴケの仮根側(写真下)を下にして用土にのせ、指でしっかりと押さえつけて土に密着させる。

ゼニゴケの仮根

ゼニゴケの雌器托

POINT 育て方

植えつけ後はとくに乾燥に注意

植えつけた後、仮根が伸びて用土に当たるようになるには、約1週間かかります。それまでの間に乾燥すると、とくに傷みやすいので、2日ごとに霧吹きで水やりを。ゼニゴケが定着したら、普通の管理で大丈夫です。

極端な乾燥は避ける

うまく育てるには、水の管理が大事。多湿と乾燥に弱いので、蓋なし容器で、いつも用土に水が溜まっているくらいが最適です。寒い時期の生育は緩やかですが、暖かくなると旺盛に。横に広がり殖えたら、はがして新しい用土に植えると、どんどん殖やせます。

ジャゴケ ［ジャゴケ科］

育てやすさ：★★★　購入のしやすさ：★★　生長：早い

ヘビのような模様がチャームポイント。背中を強くこするとやさしい香りがするよ

ベタっと這うように広がるタイプで、表面にヘビのウロコに似た模様があることが名前の由来。沢沿いの崖などに自生し、水を好みます。表面をこすると、マツタケに似た香りも。乾燥に弱く、一度乾くとなかなか回復せず、枯れることもあります。蓋なし容器で、用土が浸るくらい水を入れると、育てやすいです。

用意するもの

材料 ジャゴケ／用土／ビーカー（口径6×高さ7cm）　道具 ピンセット／ハサミ／霧吹き／スプーン／水差し

 **POINT 作り方**

指で押さえつける
ゼニゴケ（p.70）と同様に、コケをはがし、ハサミで汚れを取る。仮根側を下にして用土にのせ、土と密着するよう、しっかりと押さえつける。

POINT 育て方

蓋あり容器で育てると徒長する
気密性の高い蓋あり容器で育てると、極端に徒長し、ひょろ長く伸びたワカメのような状態に。本来の姿とはかなり異なります。ほわほわと無数に伸びた白いものの正体は仮根。カビではありません。

生育旺盛で容器に這い上がる
乾燥に弱いので、蓋なし容器で乾かないよう、用土がひたひたになるくらい水を入れると、うまく育ちます。寒い時期を除けば、生育は旺盛。横にどんどん広がり、容器に接触すると這い上がります。

殖えたジャゴケをはがす
容器の側面に這い上がったジャゴケ。ピンセットではがし、新しい用土に植えれば簡単に殖やせます。

ジャゴケの雌器托
3〜4月ごろになると、地面に張りついている葉っぱ状のものから、キノコのような雌器托が伸びることも

五感で楽しむ
コケの世界

コケは、きれいでかわいいだけではないんです。
五感をフル稼動させて近づくと、
「そうだったの？」という意外な素顔が発見できて、楽しいもの。
コケと仲よくなって、もっと好きになりましょう。

ふわふわ優しいタマゴケ。いつまでも触れていたい

1 触覚
手触りを楽しむ

蓋を開けて、手でコケに触れてみませんか。
ふんわりとした柔らかい手触りは心地よい
ものです。やさしくなでるように触るのがコ
ツ。疲れたときに触ると、癒し効果も期待
できそう。コケの種類によっても触り心地
は違ってくるので、いろいろ試してみるのも
楽しいですね。

2 嗅覚
香りを嗅ぐ

コケには、ジャゴケのように香りをもつもの
もあるんです。ちょっと驚きですよね。ジャ
ゴケには、マツタケや松の葉と同じ香り成
分が含まれており、清々しい香りを嗅ぐこ
とができます。指でコケの表面を強めにこ
すると香りは強くなり、指を嗅げば清涼感
のある移り香まで楽しめます。目を閉じて
香りを嗅げば、苔の森へ旅した気分が味
わえるかも？

ジャゴケは清涼感のある香り

スナゴケに水を与えると、葉がパッと星形に

③ 視覚
見た目の変化をめでる

手間はあまりかからないし、常緑だし、とコケはいつも同じ姿だと思って見過ごしていませんか？　たとえばスナゴケは乾燥すると葉がキュッと縮こまり、水を与えると瞬時に開いて美しい星形に変わります。小さな変化もキャッチすると、いとおしさ倍増です。

④ 味覚
風味と食感を楽しむ

コケってどんな味？　好奇心をくすぐる挑戦で作ったのが、文字通り「苔（moss）バーガー」。使ったのはジャゴケ。まずは仮根などを洗い落とし、筋も取ります。ペースト状にしたジャゴケを生地に練り込んだバンズに、炒めたジャゴケをハンバーグと一緒に挟みました。カリッと揚げたジャゴケポテトフライを添えて完成。熱を加えると香りはとんでしまうので、ホワイトリカーに漬けたジャゴケ酒で、独特の香りを別に味わいます。さっと炒めたジャゴケには、シャキシャキ感も。不思議な感覚が、クセになるかもしれませんね。

※コケの種類によっては、アレルギー物質を含むものや、寄生虫がいる場合もあります。専門家の監修のもと、調理しましょう。

（上）苔（moss）バーガー＆ジャゴケ酒＆ジャゴポテトフライ
（下左）ジャゴケはさっと炒めて食感を残すのがポイント
（下右）ジャゴケペーストをたっぷり練り込んだバンズ

タマゴケ　　　　ゼニゴケ

作曲：Romi　編曲：Minamototadashi Kato

⑤ 聴覚
遺伝子を利用し、音を奏でる

コケをはじめ、生き物はそれぞれに遺伝子配列という異なる設計図をもっています。その配列は、ACTGという単純なアルファベット（塩基記号）に置き換えられます。そこに着目し、その配列を音に変換したら、どんな音楽が生まれてくるのだろう？　そんなユニークな発想から作られた曲をご紹介します。見た目の印象が大きく違う、タマゴケとゼニゴケで聞き比べてみましょう。果たしてどんな差になって音に表れているのか、違いを感じてみてください。

杉林の中で栽培。枯れ葉などの混入を予防する

コケの生産者を訪ねて

山や森などに分け入り、コケを無許可でみだりに採取すれば、
自然環境を壊しかねません。しかも「山採り」は、虫や雑草などトラブルの温床にも。
苔テラリウムを長く楽しむには、清潔な「栽培品」が最適です。
コケの生産者にお会いしてきました。

鹿児島県姶良市で、ホソバオキナゴケだけを栽培している、恒吉裕二さん。脱サラし、コケ栽培農家になって2年。今年から本格的な出荷を始めます。圃場は25アール（2.5反）ほど。ホソバオキナゴケに絞ったのは、鹿児島にたくさん自生していることと、ほかに栽培している人がいないからです。

コケは薄暗い林間地で栽培すると思われがちですが、休耕田などの空き地も利用します。「枯れ葉などが混入するリスクも少ないので、休耕田は意外と管理がラクなんです」と話します。

コケ栽培で肝心なのは、光と水。日当たりのよい場所でも栽培できるのは、コケにシート等を被せて日照量を調節しているからです。ホソバオキナゴケの栽培には、およそ1500〜1万ルクスの明るさが必要。照度計ですべて計測しています。湿度は、露地栽培ではコントロールできないので、見回りをして乾いたら水やりをします。「涼しい時間帯に行うのが理想で、タイミングも大事ですね」と恒吉さん。

コケは、A3サイズ（29.7×42cm）の苗箱で育てられています。雑草や昆虫が混入しないよう、地面の上に黒い防草シートを張り、その上に並べます。いちばん心配なのは、台風などの大雨と強風。難しい点は、苗箱の培土が流出すると凹んでしまったり、コケが腐ったりして、平らで美しい苗ができなくなることです。また、気温や水やりの加減によっても葉色が微妙に違ってくるので、季節や出荷先の要望に応えながら栽培しています。

栽培したコケのメリットは、大きく2つ。ひとつは、雑草や昆虫などの異物の混入リスクが少ないこと。もうひとつは、均一に平らに育つので山採りにはない美しさがあることです。「丹精込めて育てたコケを、『きれいですね』と喜んでもらえたら、とてもうれしいです」と話してくれました。

（上）防草シートの上に苗箱を並べて
（中）シート状のコケは使いやすい
（下）恒吉裕二さん。「苔 Moss'」の名でホソバオキナゴケを販売

MO
RE!

MOSS
TERRARIUM

まるで自然の一部！
石に着生させる

自然の環境で岩やブロック塀などにくっついて生育することを、
着生といいます。石を利用することで、
まるでコケが生えたようなナチュラルな雰囲気を苔テラリウムでも楽しめます。

自然と岩に着生したコケの様子

上からのぞくと

岩に自生しているコケのダイナミックな姿を再現するのも、苔テラ
リウムの楽しみのひとつ。着生テクニックを覚えて、新しいコケが
石に生えてくる喜びを味わいましょう。

※道具や材料は、p.17を参照してください。

着生にむく素材

コケが仮根を伸ばしてくっつけるよう、表面がゴツゴツしたものが適しています。プラスチックも表面がザラザラしていれば使えます。

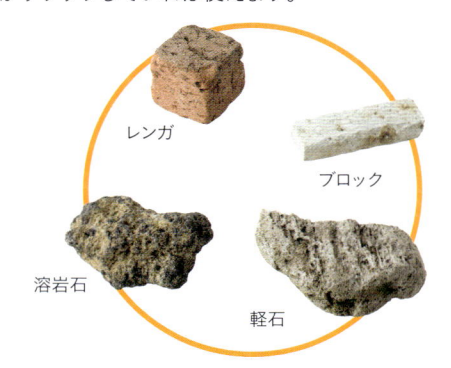

レンガ

ブロック

溶岩石

軽石

着生に不むきな素材

仮根がくっつきにくいツルツルした表面のものは不むき。流木も密閉型のテラリウムに組み込むと、カビなどトラブルの原因になるのでおすすめしません。

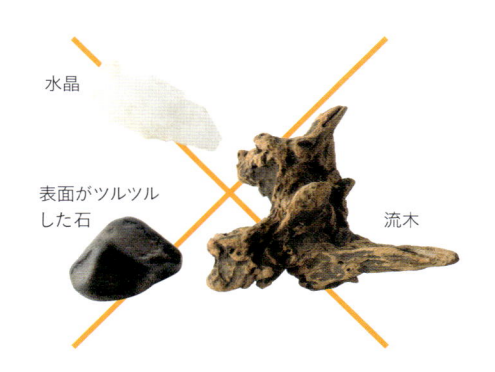

水晶

表面がツルツルした石

流木

着生しやすいコケの種類

タマゴケ、ヒノキゴケ、コツボゴケ、ホウオウゴケの4種類は、着生しやすいので初心者にもおすすめ。写真はすべて溶岩石に着生させたもの。

タマゴケ
(p.30)

ヒノキゴケ
(p.34)

コツボゴケ
(p.38)

ホウオウゴケ
(p.52)

コケの着生方法

コケは、葉っぱ1枚ずつからも再生する、生命力の強い植物です。その特性を活用し、葉っぱや茎を利用して着生させる方法を3つ紹介します。コケの大きさや形に合った方法で着生させましょう。

 **PRACTICE**

蒔きゴケ 葉っぱを細かく切り刻み、「ふりかけ状態」にしたコケを、石などの上に蒔いて育てる着生方法です。タマゴケで作ってみましょう。

（p.30 タマゴケ）

1 コケを細かく切り刻む

緑色の葉の部分だけを、ハサミで細かく切り刻む。下のほうにある茶色くなった古い部分からは再生しないので、使わない。

刻んだコケ

2 コケを蒔く

刻んだコケをピンセットで挟み、水で濡らした溶岩石の上にまんべんなくのせていく。

3 コケを手で押さえる

指で押さえることで、コケが溶岩石からはがれ落ちにくくなる。

蒔いた直後

3〜4か月後には…

蒔いたコケが溶岩石に着生し、新芽も出て、伸びてくる。小さいコケが生えてくる様子は愛らしい

蓋あり容器で育てる

用土と粗い富士砂を入れた蓋あり容器に入れて育てる。育て方はp.20の基本の方法で

（p.38 コツボゴケ）

PRACTICE 巻きつけ法 1

蒔きゴケでは着生率があまりよくない種類は、石に巻きつける方法で。
這うタイプで葉裏から仮根を出すコツボゴケに向いた着生方法です。

1 古いコケは切る

コケの下の古くなって茶色くなった部分をハサミで切り落とし、緑色の部分だけにする。

2 溶岩石にコケをのせる

水で濡らした溶岩石に、緑色の部分だけにしたコケをのせて、ずれないように指で押さえる。

3 コケを巻きつける

留めているところ　　　留めたところ

コケを指で押さえつつ、溶岩石に密着するよう、輪ゴムでしっかりと巻きつけて留める。透明なモビロンバンドなら、巻きつけ中でもコケが透けて見えてきれい。蓋あり容器で生育する。

4 着生したら、輪ゴムを外す

OK
引き抜く方向

NG
引き抜く方向

3〜4か月後、仮根が溶岩石にしっかりと着生したら、輪ゴムをコケのないところで切って、根の生えている方向に逆らわないように引き抜く。

拡大すると…

着生のできあがり

81

蒔きゴケに不向きで、石に巻きつけて着生させるコケのなかでも、
茶色い茎の根元から新芽を出すヒノキゴケやホウオウゴケに合う方法です。

1 古いコケは切る

コケの下の茶色くなった部分についたゴミ、枯れた部分をピンセットで挟んで取り出し、きれいにする。

2 溶岩石にのせる

溶岩石を水で濡らす。新芽は茶色いところから出るので、生やしたい場所に置いて、ずれないよう押さえる。

3 コケを巻きつける

コケを溶岩石に密着させるよう、輪ゴムで巻きつけて留める。緑の部分は不要になるのではみ出してよい。

4 緑葉を半分切る

緑の部分を半分ほど残して切り、茶色い部分からの新芽の生長を促す。この状態から蓋あり容器で育てる。

約2か月後…

茶色い部分から、新芽がニョキッと出てくる。その後、葉っぱが開いてきたら仮根が溶岩石に絡んでいるので、輪ゴムを外してよい。

約半年後

新芽が大きく生長してきたら、見た目を考えて、横にして置いた最初の緑葉は切り落としてもよい。

着生のできあがり

まるで岩から自然と生えたような雰囲気に。

POINT
育て方 →

石が乾かないよう霧吹き

蓋あり容器で育てるので、苔テラ
リウムの基本の育て方(p.20)と同
様にします。溶岩石が乾かないよ
う、2〜3週間に1度を目安に、霧
吹きで水やりをしましょう。

着生したコケを
テラリウムで楽しむ

溶岩石に着生したコケは、まるで
自然の一部を切り取ったかのよう。
置き場所や気分に合わせ、気軽に
容器を替えて楽しんで。苔むした
小さな世界に、思いがけない発見
が待っています。

タマゴケ

ヒノキゴケ

着生を組み合わせる

異なる着生法を組み合わせれば、
ひとつの溶岩石に生育環境の似た
何種類かのコケを着生させるのも
簡単。より自然な姿で、共生させ
てでましょう。

命の不思議に出合える
コケを殖やす

容器いっぱいに育ったコケやトリミングして切ったコケなどを使えば、地道に殖やすことができます。容器の中で殖えすぎたコケは「株分け」で、トリミングしたコケなら「蒔きゴケ」をしましょう。

PRACTICE

 株分け 2年くらい育てているとコケが殖えて広がり、容器の中はパンパンに。その場合は株分けし、新しい容器と新しい用土に植え直しましょう。

（p.16 ホソバオキナゴケ）

1 コケを取り出す

コケをピンセットで挟み、容器からガバッと取り出す。

2 コケを手で分ける

コケを手で挟み、ちぎるように2つに割る。ハサミで切るとコケが傷むので、手のほうがよい。

3 古いコケは切る

ピンセットで挟める大きさにし、コケの下の汚れている茶色い部分をハサミで切り落とす。

4 完成

新しい容器に用土を入れ、p.16-19の基本の作り方と同じ手順で植える。容器を再利用するときは、きれいに洗うこと。

蒔きゴケ

（p.59 スナゴケ）

☞ 石などに着生させるp.80の「蒔きゴケ」とやり方は同じ。
ここでは水で湿らせた用土に、刻んだコケを蒔きます。

1 コケを細かく切り刻む

緑色の葉の部分だけを、ハサミで細
かく切り刻む。下のほうの茶色くなっ
た古い部分は使わない。

2 コケを蒔く

刻んだコケをピンセットで挟み、水で
湿らせた用土に、振りかける感じで
まんべんなく、均等に置いていく。

3 霧吹きで湿らせる

コケ全体を、霧吹きでまんべんなく湿
らせ、用土に定着させる。蓋をする。

約2か月後…

蒔きゴケから約2か月後。小
さいながらも新芽が出てきて、
かわいらしい。

5〜6か月後…

さらに数か月もすると上に伸
びて、スナゴケらしい星形も
はっきりしてくる。

蓋なし容器でし
かうまく育てられ
ないスナゴケや
フデゴケも、蒔き
ゴケすれば、蓋あ
り容器でも育て
られます

MO RE!
MOSS TERRARIUM

組み合わせて楽しむ
コケ同士の寄せ植え

大きさや形の違う個性豊かなコケを組み合わせて植えれば、
楽しみ方はさらに広がります。それぞれの特性を生かした、
魅力的な寄せ植えを作るポイントを実例とともに紹介します。

PRACTICE

2種類のコケを使って

ホソバオキナゴケ +ヒノキゴケ

生長スピードの遅いホソバオキナゴ
ケを容器全体に植え、中央には背丈
のあるヒノキゴケを。横に流れるヒノ
キゴケの葉は、まるで風になびいて
いるよう。草原の中に木が生えてい
るような楽しさがあります。

（直径7×高さ8cm）

寄せ植えを上手に作る3つのポイント

POINT 1

性質の似たコケ同士を組み合わせると管理がラクに

水を好む、明るい場所を好むなど、コケ
が生息しやすい環境はそれぞれです。
同じ容器で育てるので、見た目の相性
だけでなく、育つ環境が似たもの同士
を組み合わせると丈夫に育ちます。

POINT 2

コケの大きさ、向き、生長スピードを考えて配置する

背の高いコケを後ろに、低いものは手
前にしたり、伸びる向きが違うコケを合
わせるなど、バランスを考えて配置しま
しょう。また、生長スピードの早いコケ
を手前に植えると、後ろのコケが見え
なくなるので、配置を考慮します。

POINT 3

コケのシルエットが生きるよう、空間にメリハリをつける

密集させると、コケの個性が埋没して
しまいがちです。容器の中に石などを
入れる、コケを植える場所と植えない
場所を作るなどしてメリハリをつけると、
それぞれの魅力が引き立ちます。

4種類 のコケを使って

ホソバオキナゴケ+ヒノキゴケ +コツボゴケ+コウヤノマンネングサ

背丈の低いホソバオキナゴケやコツボゴケを手前に植え、空間をあけながら、アクセントになるヒノキゴケとコウヤノマンネングサを配置。ヒノキゴケはサイズの違うものを前後に植えて、奥行き感を表現しています。コケの向きもあえて揃えず、躍動感あふれる仕上がりに。(直径9×高さ10cm)

OK→ コケを植えない空間を作る。 余白があると美しい。

NG→ 容器全体にコケを密集させると、 きゅうくつな印象に。

コケの存在感を生かす
他の植物との寄せ植え

容器で、コケと一緒に育てる植物を探すときに最優先したいのは、
湿度の高い環境を好むかどうかです。その条件にぴったり合うのが、ランやシダ。
容器の大きさや形などとのバランスも見ながら作って楽しみましょう。

PRACTICE

ラン と合わせる ☞ ランは、背丈も華もあるので、ダイナミックなテラリウムに。
野性的で、葉や株に個性のあるランを選ぶと、花のない時季でも美しく観賞できます。

マキシラリア＋ヒノキゴケ

スッと伸びた葉の間から黄色い花が咲く、マキシラリア。ランの足元を隠すように、ヒノキゴケを植えました。ふさふさとした動きのあるコケを合わせることで、品のよいランに柔らかい雰囲気も加わり、いっそう華やかです。

（直径15×高さ45cm）

シュスラン＋タマゴケ

ピンク色を帯びたチョコレート色のシュスランは、まるでアンティークのような美しさ。白い筋目の入った葉も目を引きます。対照的に、足元には明るい緑色をしたかわいらしいタマゴケを配し、コントラストをつけてみました。

（直径18×高さ40cm）

シダ と合わせる ☞ 生育環境が近く、コケとの相性は抜群です。ひと口にシダと言っても、大型のものからコケと変わらない小型タイプも。自由に組み合わせて楽しんで。

プラスチックファーン
+ムチゴケ、コツボゴケ

今にも恐竜が出てきそうなイメージをもつ、プラスチックファーン。その雰囲気に合うコケを想像してみたら…怪しげなムチゴケとコツボゴケが、ぴったり合うと感じませんか。生長したときの姿も楽しみですよ。

（直径20×高さ45cm）

クラマゴケ、フレボディウム、
ダバリア、ヒカゲノカズラなど
+ヒノキゴケ、タマゴケ

いろいろな種類のシダが絡み合い、うっそうと茂ったジャングルの足元には、コケを這わせて。球体型のガラス容器に植えた様子は、まるで太古の地球を閉じ込めたよう。遊び心あふれるデザインで、いつまでも見飽きません。

（直径最大20×高さ20cm）

容器を替えて
いろいろアレンジ

同じコケでも、容器を替えると雰囲気がガラリと変わるのが、
苔テラリウムの楽しいところ。容器を決めてから、コケを選んでもいいのです。
自分だけの容器とコケのベストな組み合わせを見つけましょう。

PRACTICE

理化学容器 を使って

ビーカーやフラスコなど、理科の実験で使ったおなじみの容器たち。雑貨として普段使いするのもいいけれど、無駄のないシンプルな形がコケの魅力を素直に引き出します。蓋なし容器として活用できるものも見つかりますよ。

PRACTICE

水槽 を使って

水槽を使えば、多種類のコケを取り入れた大きな寄せ植えも思いのまま。サイズの違う溶岩石などを組み合わせて高低差を出すと、立体感も生まれます。コケの生える森の景色を再現してみるのもよいでしょう。コケは背丈が低いので、高さの低い水槽を使うとバランスよく決まります。

モチーフ瓶 を使って

キノコやリンゴ、小鳥などをモチーフにした愛らしい小さなガラス容器は、コケのかわいらしさとの相乗効果もあって、メルヘンチックな世界が楽しめます。眺めているだけで、不思議と癒されるはず。プレゼントにもぴったりです。

アクセサリー として

大好きなコケだからこそ、いつも身近に感じていたい。そんな願いを叶えてくれるのが、ガラスの小瓶。コケを植えてネックレスにしたり、バッグなどにつけるチャームにしたり。アイデア次第で身につけたり、携帯したりすることができます。

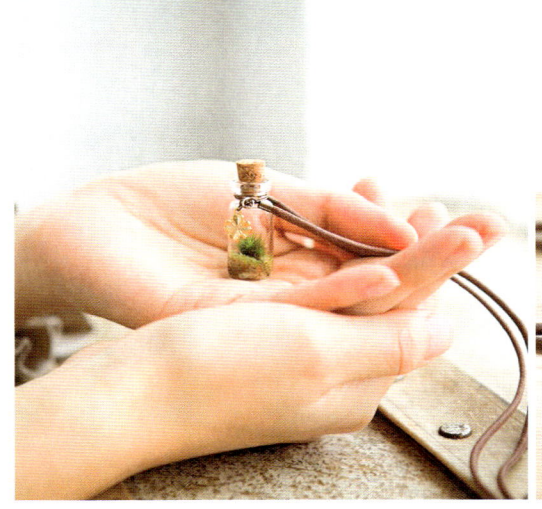

スタイルに合わせて
飾り方アレンジ

室内で、インテリア感覚で楽しめる苔テラリウム。
ライフスタイルに合わせた飾り方を取り入れると、
もっとコケが身近な存在になります。
どんな飾り方で、コケのある生活を始めましょうか。

PRACTICE
試験管 に並べる

コケを植えた試験管をスタンドに立てたり、並べたりすれば、まるで生きた標本のよう。これならいろいろなコケを集めて、コレクションする楽しさも倍増しそう。インテリアにしても格好いい！

使ったコケ（左から）／ムチゴケ、コツボゴケ、ヒノキゴケ、ホウオウゴケ

PRACTICE
吊るして 楽しむ

壁などに吊るせば、狭い空間でもコケの居場所が確保できます。自立できない不安定な形の器を使えるのも、吊るすおもしろさ。見上げてめでるコケは、置いて眺めるコケとは感じ方も違うはず。空中を浮遊するコケの魅力を味わって。

使ったコケ／ヒノキゴケ、ホソバオキナゴケ

LED ライト を当てて楽しむ

ホッとひと息、夜のリラックスタイムに照明を落としてコケを眺めてはいかが。光を当てるとコケの色が映えて癒されますよ。何と言っても、雰囲気のある演出が素敵。光の当たらない暗い場所でも、1日8時間くらい光を当てれば、育てることができます。

使ったコケ／タマゴケ

オブジェ で楽しむ

卵の形をしたオブジェを恐竜の卵に見立てて、ジュラシックな世界を再現。森の奥深くに生えているようなコケを選び、卵にもコケを着生させて、苔むした恐竜の卵に。まさに、悠久の大自然そのもの。

使ったコケ／ヒノキゴケ、ムチゴケ、コツボゴケ、ホウオウゴケ、ジャゴケなど

いろいろなコケを
豆盆栽で楽しむ

小さな白い陶器に植えたコケの豆盆栽。ずらっと並べただけで、
この愛らしさ！　コケの緑と、器の白との対比も鮮やかで、
コケの個性がいっそう鮮明になりますね。なんとも爽快な眺めです。

ムチゴケ

ホソバオキナゴケ

シノブゴケ

コツボゴケ

フデゴケ

スナゴケ

ガラス製ドームで
乾燥対策を

コケは多湿を好むので、冷暖房のきいた乾燥した室内は苦手です。そんなときは、ガラス製ドームに入れて保湿を。透けて見える表情も美しい

タマゴケ

コスギゴケ

スギゴケ

ゼニゴケ

ハイゴケ

ミズゴケ

石河 英作 （いしこ・ひでさく）

1977年東京都生まれ。蘭種苗会社で育種・企画営業などに従事し、新商品のプロモーションなどを担当。2013年、園芸の脇役だったコケを主役にすることを夢見てコケの専門ブランド「道草 michikusa」を立ち上げる。「植物を楽しく育てるきっかけ作り」をコンセプトに、コケ関連商品の企画販売やワークショップ、観察会などで、コケの幅広い魅力を発信。育てる楽しさ・見る楽しさ・知る楽しさ・作る楽しさを提案している。嫌われ者になりがちなゼニゴケをめでる対象にするべく、ゼニゴケの地位向上を目指した活動を推進中。

http://www.y-michikusa.com/

＜参考文献＞
『生きもの好きの自然ガイド　このは NO.7　コケに誘われコケ入門』（このは編集部／文一総合出版）
『コケはともだち』（藤井久子著・秋山弘之監修／リトルモア）
『知りたい会いたい 特徴がよくわかるコケ図鑑』（藤井久子著・秋山弘之監修／家の光協会）

デザイン・イラスト　山本 陽（エムティ クリエイティブ）
撮影　鈴木正美
撮影アシスタント　重枝龍明
取材・文　山本裕美
写真協力　石河英作／ studio645 田村元一（p.91 苔アクセサリー）
取材協力　恒吉裕二／高畠美月／田島奈津子
校正　佐藤博子
DTP制作　天龍社

部屋で楽しむ 小さな苔の森

2018年 7 月20日　第 1 版発行
2019年 4 月22日　第 4 版発行

著　者　石河英作
発行者　髙杉 昇
発行所　一般社団法人 家の光協会
　　　　〒162-8448
　　　　東京都新宿区市谷船河原町11
　　　　電話　03-3266-9029（販売）
　　　　　　　03-3266-9028（編集）
　　　　振替　00150-1-4724
印刷・製本　図書印刷株式会社